DU TERRAIN QUATERNAIRE

ET DE

L'ANCIENNETÉ DE L'HOMME

DANS LE NORD DE LA FRANCE

D'APRÈS LES LEÇONS PROFESSÉES AU MUSÉUM

PAR

M. D'ARCHIAC
MEMBRE DE L'INSTITUT

RECUEILLIES ET PUBLIÉES

PAR

EUGÈNE TRUTAT

PARIS
F. SAVY, ÉDITEUR
LIBRAIRE DES SOCIÉTÉS GÉOLOGIQUE ET MÉTÉOROLOGIQUE DE FRANCE
24, RUE HAUTEFEUILLE

1865

DU TERRAIN QUATERNAIRE

ET DE

L'ANCIENNETÉ DE L'HOMME

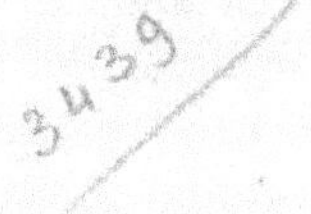

DU MÊME AUTEUR

Cours de Paléontologie stratigraphique, professé au Muséum d'histoire naturelle. Paris, 1862-1863. 2 vol. in-8 de 500 pages. . . . . 15 fr.

Ce premier volume renferme l'*Histoire de la Paléontologie stratigraphique* dans l'antiquité, au moyen âge, en France, dans l'Italie, les Alpes et la Suisse, la Bavière, le Wurtemberg, le Cobourg, la Pologne, la Russie et la Silésie, le centre de l'Europe, de l'Allemagne, et les deux Amériques, etc.

Le tome II et dernier, qui paraîtra à la fin de 1863, traitera des *Connaissances générales qui doivent précéder l'étude de la Paléontologie stratigraphique et des phénomènes organiques de l'époque actuelle qui s'y rattachent*.

Les matières traitées par M. d'Archiac dans la première année de son cours n'ayant été jusqu'à ce jour professées dans aucun ouvrage de paléontologie, il a jugé utile de le faire imprimer. Cet ouvrage peut donc être considéré comme le complément de tous les traités de paléontologie; il se rattache, en outre, par la méthode, à l'*Histoire des Progrès de la Géologie*, du même auteur.

Description des animaux fossiles du groupe nummulitique de l'Inde, précédée d'un Résumé géologique et d'une Monographie des Nummulites. (*En collaboration avec* Jules Haime). 2 vol. in-4 avec 36 planches de fossiles. . . . . 60 fr.

Le tome II se vend séparément. 30 fr.

Le tome I comprend la monographie des Nummulites, avec la description des Polypiers et des Échinodermes de l'Inde.

Le tome II, les Mollusques, Bryozoaires, Acéphales, Gastéropodes, Céphalopodes, Annélides et Crustacés.

Carte géologique de l'Aisne. 1 feuille coloriée. . . . . 8 fr.

Les Corbières, études géologiques d'une partie des départements de l'Aude et des Pyrénées-Orientales, 1 volume grand in-4 avec planches et carte géol. col. 16 fr.

L'ouvrage de MM. d'Archiac et Jules Haime forme le complément nécessaire de la première partie du tome II de l'*Histoire des Progrès de la Géologie*.

PARIS. — IMP. SIMON RAÇON ET COMP., RUE D'ERFURTH, 1.

DU TERRAIN QUATERNAIRE

ET DE

L'ANCIENNETÉ DE L'HOMME

DANS LE NORD DE LA FRANCE

D'APRÈS LES LEÇONS PROFESSÉES AU MUSÉUM

PAR

M. D'ARCHIAC

MEMBRE DE L'INSTITUT

RECUEILLIES ET PUBLIÉES

PAR

EUGÈNE TRUTAT

PARIS

F. SAVY, ÉDITEUR

LIBRAIRE DES SOCIÉTÉS GÉOLOGIQUE ET MÉTÉOROLOGIQUE DE FRANCE

24, RUE HAUTEFEUILLE

1865

ERRATA

Page 22,	ligne	9 :	En 1847,	*lisez :*	En 1846.
— 25.	—	6 :	en 1854,	—	en 1844.
— —	—	8 :	7 juillet,	—	6 juillet 1847.
— —	—	9 :	13 août,	—	13 août 1847.
— —	—	— :	31 juin 1848.	—	31 juillet 1847.
— 26,	—	27 :	moins nombreux,	—	plus nombreux.
— 27,	—	31 :	En 1855,	—	En 1854.
— 31,	—	9 :	9 avril,	—	9 avril 1865.

INTRODUCTION

Les progrès incessants de la géologie ont porté, dans presque toutes les branches qui l'occupent, une évidence telle que tout le monde admet sans contestation ce que l'on pourrait appeler la géologie classique.

Il existe cependant quelques cas en litige, et, parmi ceux-ci, un des plus intéressants est, sans aucun doute, l'étude des derniers phénomènes qui ont amené la conformation actuelle du globe, bouleversements auxquels l'homme doit avoir assisté.

Dans le midi de la France, l'étude des dépôts diluviens a déjà fourni à M. Lartet le sujet de magnifiques travaux qui établissent la contemporanéité de l'homme et de certaines espèces perdues ; dans le nord, les recherches persévérantes de M. Boucher de Perthes, acceptées et connues du monde savant depuis peu d'années, viennent de recevoir leur entière confirmation, et de remettre à l'ordre du jour la grande question des terrains quaternaires.

Étudié çà et là, mais toujours localement, ce terrain, dans son ensemble, n'avait pas encore été l'objet d'études complètes ; ce sont ces études que nous présentons aujourd'hui au public.

Les magnifiques travaux de M. d'Archiac sur la constitution géologique du nord de l'Europe, ses recherches si approfondies sur le nord de la France, lui donnaient la possibilité d'élucider cette question, pour laquelle nul ne pouvait peut-être mieux réunir les connaissances nécessaires.

La découverte de la mâchoire humaine de Moulin-Quignon est venue, par une coïncidence heureuse, donner un intérêt tout particulier au cours de paléontologie du Muséum, où M. d'Archiac traitait cette année du terrain quaternaire; et nous avons cru faire une œuvre méritoire pour la géologie en recueillant les leçons des 12, 17 et 19 juin qui ont trait au terrain quaternaire du nord de la France et en particulier dans les bassins de l'Oise et de la Somme.

DU TERRAIN QUATERNAIRE

ET DE

L'ANCIENNETÉ DE L'HOMME

DANS LE NORD DE LA FRANCE

Le terrain quaternaire du nord de la France peut être limité par une ligne conventionnelle qui suivrait le faite des bassins secondaires qui entourent celui de la Seine.

La première partie est formée par la ligne de l'Artois : elle part de la côte au nord de Boulogne, descend vers le S.-E., passe au sud d'Arras et va aboutir au Catelet. La deuxième ligne, dite des Ardennes, remonte brusquement vers Avesnes, passe au sud de Chimay en contournant ainsi le bassin de l'Oise, va aboutir à Rocroy où elle s'infléchit vers le S. et prend le nom de crête de l'Argonne ; elle traverse la Lorraine jusqu'au plateau de Langres, descend le long de la Côte-d'Or, traverse le Morvan pour revenir vers l'O. et s'appeler alors ligne du Merlerault; elle va directement vers Mortagne, passe à Moulins-la-Marche et rejoint la côte au-dessus de Caen.

Trois grands bassins sont compris dans cette délimitation : le bassin principal, celui de la Seine, occupe le centre et se trouve limité au nord par celui de la Somme et des autres cours d'eau qui se rendent directement à la mer, puis à l'ouest par celui de la Touques et de la Dive.

L'étude de ce terrain a déjà été commencée depuis longtemps ; sa présence, signalée d'abord sur quelques points, a fait, dès 1839, le sujet d'un chapitre de l'*Essai sur la coordination des terrains tertiaires du nord de la France, de la Belgique et de l'Angleterre*, par M. d'Archiac (1).

Plusieurs localités étaient alors connues comme offrant des traces plus ou moins considérables de ce terrain. A Calais, un sondage avait traversé un banc de 25 mètres d'épaisseur composé de cailloux roulés mélangés de coquilles. Plus loin, vers l'ouest, on avait reconnu un dépôt de même nature; des sables et des cailloux roulés reposent sur la craie. En descendant encore plus bas sur le pourtour du bassin du Bas-Boulonnais, la craie est recouverte par des sables argileux rougeâtres contenant des silex brisés et non roulés ; à l'ouest de Montreuil est un terrain du même genre.

Des dépôts analogues avaient été constatés le long de la côte de Fécamp au Havre. Au sud de Dieppe, dans la falaise de Sainte-Marguerite, le terrain tertiaire inférieur est recouvert par un dépôt de cailloux roulés, semblables en tout à ceux de Newhaven, de Barton, etc., etc. Cette identité des couches de transport des deux côtés de la Manche, et qui cesse lorsqu'on s'avance vers le continent, jointe au relèvement de la craie du centre des bassins tertiaires vers les côtes, a fait regarder la séparation de l'Angleterre comme postérieure à ce même dépôt de cailloux roulés (2). Ajoutons que, dans les nombreuses anfractuosités qui sillonnent le fond du canal de la Manche, les pêcheurs trou-

(1) *Bull. de la Société géologique*, 15 avril 1839.
(2) *Mémoire précité*, p. 221.

vent souvent des débris d'animaux appartenant à la faune quaternaire.

Ces différentes stations montrent partout l'alluvion ancienne recouvrant les cailloux diluviens ; et ce n'est qu'accidentellement, et sur quelques points, que les cailloux manquent ; dans ce cas, l'alluvion repose directement sur la craie. Ce dernier dépôt atteint souvent une grande épaisseur, 10 à 12 mètres ; lorsque, au contraire, les deux couches sont peu considérables, surtout celle de l'alluvion ancienne, il y a mélange des deux, et la hauteur totale dépasse quelquefois la hauteur maximum de l'alluvion.

« Lorsque ce dépôt repose sur la craie blanche, avec silex, il renferme aussi, à sa partie inférieure, de nombreux silex brisés, mais non roulés : arrondissement de Vervins. Il s'y trouve accidentellement des veines ou des amas de sable glauconieux, et alors, avec les silex précédents, encore enveloppés de leur gangue crayeuse, on en trouve d'autres roulés, à surface verte et rugueuse, semblables à ceux qui ont été signalés à la base de la glauconie inférieure : le Nouvion, la Capelle (Aisne). Lorsque, au contraire, le dépôt recouvre la craie blanche sans silex, les terrains tertiaires ou la formation jurassique, il est souvent mélangé, vers le bas, d'une grande quantité de petits fragments provenant de ces terrains (1). »

Nous allons étudier maintenant, d'une manière plus particulière, les dépôts de la vallée de l'Oise, où ils sont disposés plus favorablement qu'ailleurs. L'Oise court d'abord sur des schistes de transition, pour traverser ensuite des roches jurassiques, et gagner les roches crétacées. Les éléments

(1) *Mém. pr.*, p. 221.

qu'elle prend aux deux premiers terrains sont roulés et mêlés indistinctement entre eux : ce n'est que longtemps après être entrée dans la craie qu'elle abandonne ses premiers caractères pour ne garder que ceux qu'elle emprunte au dernier terrain.

A quelques exceptions près, dues à des circonstances locales, le dépôt argilo-sableux se fait remarquer par l'uniformité de ses caractères, soit qu'il recouvre les plateaux, soit qu'on l'observe sur les pentes des vallées, ou bien au pied de leurs talus.

Différentes coupes feront connaître la stratification du terrain quaternaire de cette vallée.

Sablière de Buironfosse, a l'ouest de la Capelle. — Altitude 215 mètres. Cette coupe, d'une épaisseur de 20 mètres, présente successivement :

Une alluvion ancienne formée de limon jaunâtre ;

Au-dessous, du sable ferrugineux;

Plus inférieurement encore, une glaise grise renfermant des silex brisés et non roulés;

Enfin, la craie à silex limite inférieurement ce dépôt. A la briquetterie de Mortlain, sur la route de Guise, les couches supérieures, exploitées comme terre à brique, atteignent une hauteur de 10 mètres; là encore elles reposent sur de la glaise mêlée de silex.

Coupe partant d'Oisy, a la limite du département de l'Aisne, et venant aboutir dans la vallée de l'Oise, au sud de Guise. — Ici c'est une véritable alluvion des plateaux, elle repose sur un diluvium de 8 mètres d'épaisseur, composé de grès quartzeux, de schistes de transition, de quartz laiteux renfermés dans un sable verdâtre et argileux.

La partie inférieure du dépôt de Guise n'offre aucune trace

de stratification; il s'étend à une distance de 3 kilomètres de la rivière, et il est à 56 mètres au-dessus de son niveau. Il n'y a pas de silex brisés; tous les fragments de roches sont roulés; en effet, les silex brisés se trouvent seulement dans les dépôts quaternaires lorsque ceux-ci reposent directement sur la craie à silex. Dans la vallée de l'Oise, les cailloux sont roulés; ils viennent de loin; le dépôt dont ils font partie n'est donc pas un phénomène qui se serait produit sur place.

Coupe près de Landouzy-la-Cour, a droite du chemin de Vervins. — Les couches montrent successivement :

Alluvion ancienne, avec blocs de grès;

Sable ferrugineux et sable blanc;

Glaise grise, avec silex brisés;

Craie à silex.

Dans ce dépôt, la stratification est assez irrégulière, mais l'ordre des couches n'est nullement dérangé.

Ce n'est pas encore là le véritable dépôt de l'alluvion ancienne inférieure; pour avoir un exemple de sa disposition normale, il faut étudier une

Coupe entre Lugny et Gercy. — Immédiatement au-dessus de la craie à silex, une grande quantité de fragments de silex, d'assez forte dimension, forme un véritable banc. Une gangue alumineuse empâte tous ces débris et les réunit fortement les uns aux autres. A mesure que l'on s'élève dans la masse, les silex deviennent plus rares, leur gangue moins tenace, et le dépôt se termine supérieurement par un limon jaunâtre argilo-sableux homogène exploité comme terre à brique. Cette coupe montre la liaison intime ou le passage du dépôt de silex brisés avec l'alluvion des plateaux qui n'en renferme plus.

Tous ces dépôts ne varient pas dans leur partie supérieure; à la base seulement ils se modifient suivant la nature des couches sous-jacentes. « Ainsi, dans le sud et le centre du département de l'Aisne, à la surface du terrain tertiaire ou de la craie sans silex, on ne trouve que des cailloux ou des galets parfaitement arrondis, des plaquettes siliceuses et des fragments de grès à arêtes vives.

« Sur la rive droite de l'Oise, entre Noyon et la Fère, on remarque sa superposition directe et constante au diluvium de cailloux roulés. Dans l'arrondissement de Saint-Quentin, des fragments de roches tertiaires s'y mêlent çà et là. Dans l'arrondissement de Vervins, la matière argileuse tend à prédominer, surtout à la base, et des silex quelquefois brisés, mais nullement roulés, se montrent aussitôt que la craie qui en renferme est à la surface du sol. L'oxyde de fer colore vivement les glaises qui les entourent. Enfin, dans l'arrondissement de Guise, la superposition de l'alluvion ancienne au véritable diluvium se montre aussi avec la plus parfaite évidence. Elle paraît être le résultat d'une inondation considérable venue du sud-est, et qui a enveloppé d'un vaste manteau la vallée du Rhin, une partie de la Prusse rhénane, la Hollande, la Belgique et le nord de la France, où elle est représentée aujourd'hui par des lambeaux nombreux et fort étendus encore, malgré la facile désagrégation de ses éléments (1). »

La présence des silex cassés dans l'alluvion ancienne est unie intimement à leur présence dans la craie sous-jacente, comme nous l'avons déjà dit, et l'on peut poser comme règle que, toutes les fois que l'alluvion repose directement sur la craie à silex, on trouvera dans la masse argileuse des silex cassés; mais, une couche de nature différente vient-elle à

(1) *Descr. géologique de l'Aisne*, par le vicomte d'Archiac, p. 57.

s'interposer entre l'alluvion et la craie à silex, ceux-ci disparaitront complétement.

Le dépôt de cailloux roulés diluviens s'élève encore à 40 mètres au-dessus de la rivière sur les bords du Vilpion avant sa réunion avec la Serre à Marle, et lorsqu'on descend celle-ci, on observe çà et là des amas stratifiés sur les pentes inférieures jusqu'au confluent de l'Oise. Dans le voisinage immédiat de la Fère, les deux dépôts se voient superposés.

Faubourg de la Fère, rive droite de l'Oise. — Entre l'alluvion ancienne et la craie à silex, il existe un banc de sable et de cailloux roulés exploité sur divers points, et, dans l'alluvion supérieure, il n'y a pas trace de silex brisés.

Plateau d'Andelain. — Dans cette coupe, l'alluvion est séparée de la craie par un banc de sable et de cailloux roulés ; au-dessous, tout l'étage des lignites précède la craie : la couche d'alluvion ne contient point de silex.

Quoique tous ces dépôts soient à des hauteurs fort différentes, leur position relative est toujours la même ; et ceci est facile à comprendre, car les dépôts quaternaires sont éminemment torrentiels ; ils diffèrent complétement des dépôts marins ou lacustres. Tandis que ces derniers conservent toujours leur horizontalité, les couches quaternaires se relèvent sur les pentes et couvrent aussi bien le sommet des coteaux que le fond des vallées. Prétendre les classer uniquement d'après leurs différentes altitudes, serait méconnaître les conditions sous lesquelles ils se sont formés.

Aux environs de Chauny, particulièrement dans les sablières de Viry, ces dépôts renferment la faune ordinaire du terrain ; ce sont :

Elephas antiquus, Falc.; *Elephas primigenius*, Blum.; *Rhinoceros tichorhinus*, Cuv.; *Cervus megaceros; Cervus elaphus*, Cuv.; *Cervus tarandus priscus*, Cuv. Un petit Ours différent de l'*Ursus spelæus* et de l'*Ursus arctos; Hyæna spelæa; Bos primigenius*, Boj.; et le Bœuf musqué. Avec tous ces débris de mammifères on trouve des fossiles de la craie, du calcaire grossier et de l'étage des lignites.

Dans sa Topographie géognostique du département de l'Oise, Louis Graves s'exprimait ainsi, au sujet de ces dépôts: « Les terrains non stratifiés, dont la formation est plus ancienne que l'époque actuelle, revêtent deux formes différentes. Ils constituent, dans les vallées principales, des amas composés de débris de roches, qui, évidemment, ont été transportés par les eaux, ou bien ils recouvrent les plaines d'une argile limoneuse dont la consistance et l'épaisseur présentent de nombreuses variations. Malgré la dissemblance extrême de leur aspect, ces deux sortes de dépôt ont entre eux une grande analogie; ils se trouvent quelquefois superposés, et alors le limon cache l'autre couche; quelquefois aussi les débris du terrain de transport sont mêlés à l'argile superficielle, ou plutôt éparpillés à sa surface : ce dernier cas, exceptionnel par sa rareté, tend cependant à établir entre les deux terrains une cause commune d'existence et une origine contemporaine (1). »

L'alluvion des plaines dont il est ici question n'est autre chose que l'alluvion ancienne de M. d'Archiac.

Plus tard, en 1845, le terrain quaternaire de l'Oise a été étudié par MM. d'Archiac et de Verneuil, dans une coupe du mont Pagnotte, à Creil et Tartigny.

(1) *Essai sur la topographie géognostique du département de l'Oise*, page 529.

« La continuité du dépôt argilo-sableux des plateaux de craie des environs de Tartigny et de Breteuil, avec celui du fond de la vallée de la Brèche, entre Creil et Chaumont, sur une hauteur verticale de 100 mètres et une distance horizontale de 46 kilomètres, est ainsi mise hors de doute, disent les auteurs en terminant, et il en est de même du diluvium de cette vallée à son ouverture dans celle de l'Oise, par rapport au lit de silex brisés qui se trouve à la base de l'alluvion ancienne. Le diluvium de cailloux roulés, mélangés de sable, qui occupe le fond des vallées et s'élève plus ou moins sur leurs pentes, et l'alluvion ancienne qui le recouvre dans toutes les positions, sont donc le résultat de deux phases du même phénomène, dont les différences, lorsqu'on les compare sur divers points, ont eu pour cause des différences correspondantes dans la vitesse, la profondeur et la direction des eaux, et non des phénomènes distincts, comme on pourrait être tenté de l'admettre au premier abord.

« Ainsi, là où la section du courant était la plus grande et surtout la plus profonde, c'est-à-dire vers le débouché de chaque vallée secondaire dans la vallée principale, le diluvium de cailloux est plus épais, les cailloux sont plus arrondis, et si les collines environnantes appartiennent au terrain tertiaire, on y trouve des fragments de roches, de coquilles et des sables de ce terrain, mélangés avec des silex provenant de la craie. L'alluvion ancienne, qui surmonte le tout, est plus sableuse et calcarifère, et les coquilles fluviatiles et terrestres entraînées des étangs, des marais ou des cours d'eau voisins y sont aussi plus ou moins abondantes.

« Au fur et à mesure qu'on remonte les vallées du second ordre, et qu'on s'éloigne du terrain tertiaire, le diluvium est moins épais, moins sableux, renferme moins de coquilles et de roches tertiaires. L'alluvion ancienne est aussi moins sableuse, moins calcarifère ; l'alumine tend à prédominer, et les coquilles fluviatiles et terrestres ne s'y montrent plus que rarement. Les silex sont enveloppés d'une glaise brune, très-tenace qui, vers le haut, se charge peu à peu de sable, et passe ainsi au véritable lehm ou alluvion ancienne (1). »

Pour bien connaître ces terrains, il faut les étudier dans toute l'étendue d'un bassin, et même les comparer à ceux des bassins voisins et des pays éloignés; alors seulement on peut se rendre compte des modifications que viennent apporter les circonstances locales et accidentelles.

« Ces dépôts ne sont point stratifiés dans la véritable acception du mot ; ils ne se présentent point en couches régulières, horizontales, continues et distinctes comme des sédiments formés dans les eaux de la mer ou des lacs. L'inégalité de leur épaisseur, la différence des niveaux auxquels on les observe, leur discontinuité et la variabilité de leurs caractères sont autant de preuves qu'ils doivent leur existence à des eaux torrentielles, irrégulières dans leur volume, dans leur pouvoir de transport, et qui, avec les débris des roches environnantes, ont aussi entraîné les ossements des mammifères qui peuplaient auparavant le pays émergé. Ces derniers y sont d'autant plus rares qu'on remonte davantage les vallées, et dans l'alluvion ancienne on en trouve à peine quelques traces toujours plus altérées. On conçoit que les premiers torrents qui ont balayé le sol ont dû entraîner, dans ses dépressions, tout ce qui se trouvait à sa surface, et une nouvelle génération de grands animaux ne reparut qu'après le dépôt de l'alluvion ancienne (2). »

(1) *Bull. de la Société géologique*, 1845, p. 334.
(2) *Ibid.*, 1845, p. 336.

Tout récemment on a voulu voir dans quelques-uns de ces phénomènes des actions de l'époque actuelle; mais, tout en exceptant les éboulements, on peut poser comme règle générale que, tandis que les dépôts de l'époque actuelle sont horizontaux et ne se raccordent pas avec les pentes, fort souvent les terrains quaternaires couvrent les pentes en suivant toutes leurs irrégularités.

M. Passy, en dressant la carte géologique de l'Oise, a suivi la classification de Louis Graves; voici ce qu'il dit de l'argile reposant sur la craie et renfermant des silex brisés : « La période diluvienne occupe, au-dessus des terrains que nous venons d'énumérer, de vastes étendues, et M. Graves en distingue deux éléments : le diluvium des vallées et celui des plaines ou limon diluvien. Mais il a rapporté à la suite de la description de la craie blanche le terrain superficiel propre au calcaire crayeux, et qui consiste principalement dans les silex détachés de la craie même, épars à la surface des plateaux. L'argile et les silex sont les deux éléments de cette couche, souvent très-épaisse, et qui dépend sans doute de la craie. Ce terrain est généralement connu sous le nom de diluvium; c'est un terrain ancien et composé de silex très-considérables, non roulés, à cassures vives, contenus dans de l'argile et mêlés de sable (1). » M. Passy, sur sa Carte, a consacré une teinte au *diluvium des plaines* et une autre au *terrain superficiel de la craie* en les comprenant tous deux dans sa *période diluvienne*.

En passant dans le département de la Somme, nous entrons dans une région parfaitement semblable à la précédente; mais où les opinions sont loin de s'accorder.

(1) *Bull. de la Société géologique*, 27 février 1860.

Les connaissances les plus complètes sur la constitution géologique de ce pays sont dues à M. Buteux. En 1843, il faisait paraître une *Esquisse géologique du département de la Somme*, et, dans cet ouvrage, il distinguait parfaitement l'alluvion ancienne du dépôt des vallées.

En 1849, le même géologue donne une seconde édition de son travail, et désigne ces terrains sous le nom de dépôts diluviens, d'alluvion ancienne ou, par abréviation, diluvium : les caractères par lesquels il distingue les étages sont ceux qu'admet M. d'Archiac et qui viennent d'être exposés.

A ce travail sont jointes des coupes des environs d'Abbeville et d'Amiens ; l'auteur signale à Menchecourt une faune de mammifères semblable à celle que nous connaissons dans les dépôts du même âge.

Mais, en 1862, il a publié un *Supplément* où l'on remarque quelques changements dans sa manière de voir. A la page 15 il s'exprime ainsi :

« MM. Dufrénoy et Élie de Beaumont considèrent le limon comme pliocène et le terrain caillouteux qu'il recouvre comme miocène. Suivant M. Desnoyers, l'argile sableuse, contenant un très-grand nombre des silex de la craie non roulés, qui, des environs de Chartres, s'étend vers Rouen, et se lie avec les terrains caillouteux de nos plaines, est antérieure aux faluns de la Loire, qui contiennent des coquilles et des ossements de mammifères qu'on ne trouve pas dans les terrains plus au nord.

« Depuis la publication de mon *Esquisse géologique de la Somme*, la connaissance des terrains dont j'ai pu voir la succession, jointe à celle des faits que j'avais d'abord constatés, m'ont donné lieu de penser qu'entre le terrain éocène et le terrain moderne, on pouvait compter quatre strates successifs provenant d'autant de grandes alluvions.

« Le terrain de silex entiers et brisés ayant conservé leurs aspérités ;

« Le terrain de silex roulés, appelé maintenant diluvium gris, contenant dans le bas des ossements et des silex travaillés ;

« Le limon qui recouvre ces deux terrains, puis enfin les silex ayant conservé leurs aspérités, au-dessus du limon. » Plus loin (p. 17) M. Buteux dit : « Quoi qu'il en soit, il me semble incontestable qu'il y a lieu de distinguer, dans nos terrains meubles antérieurs à l'époque actuelle, quatre terrains, outre l'éocène, savoir : 1° les silex non roulés ; 2° les dépôts de silex roulés ; 3° le limon ; 4° le limon remanié et les silex non roulés. Ou un seul terrain sous le nom de diluvium ou terrain quaternaire, lequel aurait été formé par quatre dépôts successifs et distincts, tantôt violents et tumultueux, tantôt tranquilles, pendant une seule période géologique. »

Mais à la page 25 de son Supplément, en substituant une nouvelle classification des terrains du département de la Somme à celle qu'il avait anciennement adoptée, M. Buteux y introduit une nouvelle dénomination, celle de *terrain tertiaire miocène* qui comprend « l'argile sableuse avec silex non roulés, « disséminés à peu près par strates réguliers, peu épais, argile « ferrugineuse, dure, compacte, avec des silex non roulés, ap- « pelée *bief*, argile plastique jaunâtre, rougeâtre, remaniée, « renfermant des silex non roulés, à croûte blanchâtre et ver- « dâtre, petits amas de sable, » etc., etc. C'est-à-dire les dépôts qui, dans les départements de l'Oise et de l'Aisne, et antérieurement dans celui de la Somme, ont été regardés comme quaternaires.

Il y a donc actuellement un dissentiment profond entre M. d'Archiac et M. Buteux, et en cherchant à se rendre compte de ce changement, on est amené à croire qu'en ceci M. Buteux a été influencé par ce qui est marqué sur la carte géologique de France.

Il y a trente ans, cette Carte donnait comme terrain tertiaire supérieur la partie la plus élevée de l'alluvion ancienne des plateaux et comme terrain tertiaire moyen les argiles à silex de sa base. Mais les données stratigraphiques normales, les données minéralogiques, non plus que les résultats paléontologiques ne sont encore venu justifier ce classement qu'on pouvait admettre provisoirement, et qui ne semble plus pouvoir l'être aujourd'hui. Il a d'ailleurs été adopté sur beaucoup de cartes départementales sans que leurs auteurs (MM. de Sénarmont, Raulin, Leymerie) se soient sérieusement préoccupés de la question et aient apporté des preuves géologiques complètes à l'appui de leur manière de voir.

Lorsque au sud du bassin de la Seine, on va de Chartres vers Évreux et dans le bassin de l'Eure, on remarque qu'en suivant les dernières limites des grès de Fontainebleau et de la meulière supérieure, on traverse des terrains contenant de nombreux débris de ces roches et ensuite des silex de la craie enveloppés dans un sable argilo-ferrugineux et reposant sur la craie elle-même. Tout cet ensemble, à peu près au même niveau, se continue par la Picardie et la Flandre jusqu'en Belgique, et paraît, au premier abord, n'être que le prolongement des sables et calcaires lacustres tertiaires.

Mais c'est, au nord de la Seine, précisément ce que M. d'Archiac a décrit depuis longtemps et à diverses reprises comme étant l'étage du terrain quaternaire auquel il a donné le nom d'alluvion ancienne. La partie inférieure de celle-ci étant prise pour le terrain tertiaire moyen, il était assez logique que l'alluvion ancienne sans silex qui était au-dessus, quoique s'y liant intimement, fût appelée tertiaire supérieure, car on ne regardait alors comme appartenant au véritable diluvium que les cailloux roulés du fond des vallées.

Dans tous ces dépôts il n'y a aucune stratification générale régulière; tout est hypothétique jusqu'à leur formation. Maintenant que l'on sait qu'ils ne se bornent pas seulement au fond des vallées, qu'ils constituent un ensemble d'une étendue fort considérable et d'une grande variété de composition, les plus grandes difficultés de leurs études proviennent des modifications que viennent apporter les circonstances locales et accidentelles; c'est donc sur un ensemble seulement de faits qu'on peut acquérir des notions exactes. Si, au lieu d'admettre que ces terrains ne sont que le prolongement des grès de Fontainebleau ou de la meulière supérieure des bords de la Seine, on remonte plus au nord, en Hollande, en Belgique, en Angleterre, on trouvera des termes de comparaison peut-être plus sûrs, et ce sera en étudiant successivement leurs caractères stratigraphiques, minéralogiques et paléontologiques dans ces directions, qu'il sera possible de résoudre ce problème si complexe.

Mais il faut limiter le champ de nos observations, et nous devons nous occuper maintenant d'un nouvel ordre de considérations provoquées par des recherches toutes particulières et qui ont excité, dans ces derniers temps, un vif intérêt; il s'agit en effet d'une question d'une haute importance : l'origine de l'homme.

Dès 1826, M. Boucher de Perthes, archéologue distingué d'Abbeville, crut voir dans des silex taillés, trouvés dans les dépôts de transport des environs, une preuve de la coexistence de l'homme et des animaux d'espèces perdues, dont les débris avaient été trouvés avec ces haches.

2

En 1841, il trouvait encore des silex taillés mêlés à des ossements dans la sablière de Menchecourt.

En 1844, près de l'hôpital et à neuf pieds de profondeur, il trouva une dent d'éléphant, et à côté, des silex taillés ; la même année, il découvrit des silex à Moulin-Quignon, à Mautort et au Champ de Mars.

En 1844, M. Ravin constata aussi à Menchecourt la présence des ossements et des silex.

En 1847, M. Boucher de Perthes publie son premier volume des *Antiquités celtiques et antédiluviennes;* on y trouve, mentionnée avec beaucoup de détails, sa découverte, et il donne une coupe de Menchecourt.

A la suite de ces recherches, il communique ses découvertes à M. Cordier, et il annonce « que ces silex sont dans un dépôt de sables et de graviers non dérangés, et qu'ils sont le résultat du travail de l'homme. »

En 1849, M. Buteux confirme, par de nouvelles observations, tout ce qu'avait avancé M. Boucher de Perthes.

En 1855, M. Rigollot signale des silex taillés à Saint-Acheul, près d'Amiens, et adopte les opinions de M. Buteux.

En 1857, M. Boucher de Perthes, reprenant ses travaux, publie son deuxième volume des *Antiquités celtiques*, et apporte de nouvelles preuves à l'appui de ses opinions. Malheureusement, les figures qui accompagnent le texte laissent beaucoup à désirer, et elles ont peut-être contribué à laisser dans le doute bien des savants que les descriptions fort bien faites de l'auteur auraient probablement convaincus.

Après vingt ans d'études, M. Boucher de Perthes est donc plus que jamais persuadé de la réalité de ses premières assertions. Et cependant, sa découverte semblait ensevelie dans l'oubli le plus complet. D'où vient donc ce fait étrange? Nous en trouverons peut-être l'explication dans les lettres qu'il a successivement adressées aux savants auxquels il semblait être donné de faire connaître des faits d'un si haut intérêt.

Nous lisons, parmi les pièces publiées à la suite des *Antiquités celtiques*, une lettre adressée à M. de Blainville en 1854; une lettre du mois de novembre 1846, adressée à M. Flourens; une autre du 7 juillet, à M. Élie de Beaumont; une seconde au même, du 31 juin 1848; une autre du 15 août, à M. Jomart. « Alors, nous raconte M. Boucher de Perthes, M. Jomart est venu à Abbeville avec M. Constant Prévost : ils ont vu les bancs de diluvium, ils ont reconnu que les silex en provenaient. » Mais tout ceci n'a eu aucun retentissement; une commission fut seulement nommée par l'Académie des sciences et par celle des inscriptions, et M. Boucher de Perthes écrivit encore inutilement à cette commission.

En 1857, il n'était pas parvenu, malgré son zèle infatigable, à donner à sa découverte le retentissement qu'elle méritait : il semblait qu'il y eût contre lui une coalition du monde savant ou ce que l'on pourrait appeler la conspiration du silence, moyen sûr d'étouffer les idées sans se compromettre.

Il a fallu qu'un étranger vînt imposer, pour ainsi dire, ces découvertes si malheureuses jusqu'alors. En 1859, M Prestwich, membre de la Société royale et de la Société géologique de Londres, vint à Abbeville; il reconnut la vérité de tous les faits annoncés par M. Boucher de Perthes, visita ensuite Amiens, et, à son retour en Angleterre, s'empressa de les signaler à ses compatriotes.

A partir de ce moment, chacun s'occupa des silex d'Abbeville, et l'on rendit tardivement justice à celui qui, pendant vingt ans, avait persisté dans ses convictions.

Le travail de M. Prestwich, publié en 1860, dans les *Transactions philosophiques*, nous servira de guide dans l'examen de ces dépôts ; et c'est en décrivant successivement les différentes coupes données par l'auteur, que nous arriverons à une connaissance complète des bancs d'Abbeville et d'Amiens.

Une coupe des plus importantes à connaître est celle de Menchecourt à la porte d'Abbeville ; elle présente successivement.

1 Sol superficiel ;

2 Argile brune et sable siliceux ;

3 Limon jaunâtre avec petits lits de gravier, coquilles terrestres, ossements, silex travaillés ;

4 Sable siliceux blanc avec fragments de craie, limon, coquilles d'eau douce, coquilles marines, ossements nombreux et silex taillés ;

5 Graviers et cailloux siliceux demi-roulés, coquilles d'eau douce et marines, *silex travaillés?*

6 Marne sableuse fine avec grands silex non roulés, coquilles terrestres ;

7 Gravier ocreux sub-anguleux ;

8 Craie.

Dans les couches 1 et 2, il n'y a pas de fossiles ; dans la couche 3, les ossements sont fort peu nombreux : on y a recueilli des dents de cheval et de ruminants ; dans la couche 4, au contraire, on trouve beaucoup de débris, et les coquilles marines abondent surtout dans la couche 5.

Les fossiles trouvés dans cette localité sont :

MAMMIFÈRES.

Bos primigenius, Boj.

Cervus tarandus priscus, Cuv.

Cervus somonensis, Cuv.
Elephas primigenius, Blum.
Equus fossilis, Owen.
Felis spelæa, Owen.
Hyæna spelæa, Cuv.
Rhinoceros tichorhinus, Cuv.
Ursus spelæus, Blum.

COQUILLES TERRESTRES.

Cyclostoma elegans, Drap.
Helix arbustorum, Drap.
— *carthusiana*, Drap.
— *cristallina*, Drap.
— *hispida*, Drap.
— *nemoralis*, Drap.
— *pulchella*, Drap.
— *rotundata*, Drap.
— *striata*, Drap.
Pupa marginata, Drap.
Succinea amphibia, Drap.
— *oblonga*, Drap.
Zua lubrica, Müll.

COQUILLES FLUVIATILES.

Cyclas palustris, Drap.
— *cornea*, Lin.
Cyrena consobrina, Caill.
Lymnæa auricularia, Mich.

Lymnæa minuta, Lam.
— *ovata*, Drap.
— *palustris*, Drap.
— *peregra*, Drap.
— *stagnalis*, Lam.
Planorbis marginatus, Drap.
— *carinatus*, Drap.
— *corneus*, Lin.
— *albus*, Müll.
— *vortex*, Lin.
Paludina impura, Lam.
Valvata piscinalis, Lam.
— *planorbis*, Drap.

COQUILLES MARINES.

Cardium edule, Lam.
Ostrea.
Tellina solidula, Lam.
Buccinum undatum, Lam.
Fusus.
Littorina littorea, Lin.
Nassa reticulata, Lin.
Purpura lapillus, Lam.

Parmi toutes ces espèces, la plus intéressante est la *Cyrena consobrina*; elle n'a été signalée en France qu'à Menchecourt, et c'est une espèce caractéristique des dépôts lacustres de la partie orientale de l'Angleterre.

A Menchecourt, les fossiles sont moins nombreux qu'à Mautort, de l'autre côté de la Somme, mais les espèces sont les mêmes.

Les dépôts passent sous la ville, reparaissent en quelques points, à l'hôpital, par exemple, et on les retrouve à Moulin-Quignon, localité située parallèlement à Menchecourt.

La coupe de Moulin-Quignon est un peu plus simple que la précédente ; elle est composée ainsi :

1 Argile sableuse brune avec gravier, silex en fragments anguleux ;

2 Gravier ferrugineux, silex demi-roulés provenant du terrain tertiaire ou de la craie, argile ferrugineuse verdâtre contenant des coquilles, silex taillés, dents de ruminants et d'éléphants ;

3 Craie.

M. Prestwich donne aussi une coupe prise à la porte Marcadé, mais elle diffère peu des précédentes ; la voici cependant :

1 Silex anguleux dans une argile brune terreuse ;

2 Limon ;

3 Silex roulés avec veines de sable roux et d'argile rougeâtre, veines de sable blanc et petits fragments de craie roulés ;

4 Craie.

La seconde station que nous devons examiner est celle des environs d'Amiens, et plus particulièrement les dépôts de Saint-Acheul et de Saint-Roch.

A un quart de lieue d'Amiens se trouve l'ancien collége des jésuites de Saint-Acheul ; là il existe plusieurs exploitations dans le terrain quaternaire, et ces fouilles ont été l'objet de recherches suivies.

En 1855, M. Rigollot annonçait la présence des silex taillés dans ces dépôts; M. Buteux constatait peu de temps après l'authenticité de cette découverte.

En 1859, M. Prestwich complétait ces travaux et donnait la coupe d'une carrière sur le chemin de Cagny, dont voici les détails :

A Sol superficiel.

B 1 Limon calcarifère, avec quelques silex anguleux;

2 — moins coloré ;

3 Limon non calcarifère avec fragments de silex et passant au gravier ;

4 Limon plus grossier et plus foncé, avec quelques traces de matières charbonneuses ;

C Sable siliceux blanc et marne de teinte claire, silex subanguleux, blocs de grès, coquilles terrestres, nombreux ossements de mammifères, silex taillés.

D Gravier de silex grossier, silex demi-roulés, et sable siliceux blanc, blocs de grès, fossiles de la craie et du calcaire grossier, ossements de mammifères, silex taillés.

E Craie.

En allant vers l'église on obtient une coupe un peu différente dans les détails, mais les haches se trouvent toujours à la partie inférieure.

Au sud-ouest d'Amiens, à Saint-Roch, on retrouve des dépôts un peu différents de ceux-ci, mais cependant M. Buteux a pu établir leur continuité avec ceux de Saint-Acheul. Voici une coupe de cette localité :

Terre à brique ;

Gravier semblable à celui de Saint-Acheul, avec veines ferrugineuses, silex et grès tertiaires ;

Craie.

A Saint-Acheul, le dépôt est à 45 mètres au-dessus du niveau de la mer et à 30 au-dessus du fond de la vallée; à Saint-Roch il est seulement à 18 mètres au-dessus de la vallée.

Les coupes nombreuses que M. Gaudry a relevées autour d'Amiens varient toutes entre elles; il suffit d'une centaine de mètres pour faire changer la stratification du dépôt; mais ces variations sont toutes de détail et n'ont rien d'important pour l'étude de l'ensemble.

La faune des dépôts d'Amiens est la même que celle d'Abbeville; à Saint-Roch cependant on a de plus trouvé une défense d'hippopotame.

A la suite des descriptions que nous venons de résumer, M. Prestwich cherche à expliquer la formation de ces dépôts; voici ses propres paroles : « Les dépôts inférieurs de gravier où sont les silex taillés sont le résultat de phénomènes produits par des eaux douces. » Avant M. Prestwich on avait regardé ces dépôts comme marins, mais les couches d'Amiens et d'Abbeville n'ont aucun des caractères que laisse la mer après son passage; pour M. d'Archiac, ces dépôts sont éminemment formés par des eaux douces. « Les couches supérieures, fort différentes des couches inférieures proviennent, suivant M. Prestwich, de phénomènes différents et fort importants. Il est probable que postérieurement à la période glaciaire l'espace de terre émergée sera devenu plus considérable et aura nourri des animaux différents de ceux de l'époque actuelle, tandis que les eaux de la mer étaient habitées par les espèces que nous trouvons encore aujourd'hui, et tous ces phénomènes auraient immédiatement précédé l'époque actuelle. »

M. Prestwich établit ensuite l'analogie complète de ces dépôts avec ceux du sud de l'Angleterre, et il conclut ainsi :

« Les silex taillés sont le résultat du travail de l'homme; ils ont été trouvés dans des couches qui n'ont jamais été dérangées ; ils sont mêlés à des ossements de mammifères éteints ou vivant encore dans la période actuelle. Cet enfouissement a été subséquent au dépôt de l'argile à blocs, il est par conséquent post-glaciaire. »

Le nombre des silex taillés retirés des bancs d'Abbeville est considérable ; mais il est fort difficile de donner à cet égard autre chose que des indications ; d'après M. Boucher de Perthes, « les haches bien caractérisées ont toujours été rares à Menchecourt ; je n'en ai pas trouvé moi-même plus d'une douzaine, dit-il en répondant sur ce sujet à M. Prestwich, et les ouvriers ne m'en ont pas apporté plus d'une quarantaine, peut-être moins. Si vous admettez que ces ouvriers ont porté ailleurs une trentaine d'autres haches, vous arriverez à presque une centaine recueillie en vingt ans.

« A Saint-Gilles, elles sont encore plus rares ; j'en ai trouvé une vingtaine de roulées et très-grossières, mais pas plus de 10 à 12 de bien faites ; les ouvriers en ont peut-être recueilli autant.

« A Moulin-Quignon, on en a trouvé accidentellement quelques douzaines ; puis on est resté des mois, des années, sans en rencontrer une seule : je ne parle pas de celles qui sont roulées et très-grossières, on en trouve toujours. J'estime de 150 à 200 haches bien taillées celles qui y ont été recueillies, dont une trentaine par moi, parmi lesquelles il n'y en a que 7 ou 8 de bien taillées ; la plupart des autres ont été trouvées devant moi.

« Quand, plus tard, on fit les travaux du Champ de Mars, une vaste partie du banc diluvien fut mise à découvert ; on y trouva des haches par centaines : 400 à 500, peut-être plus. »

Dans tous ces documents il existe donc une concordance parfaite, ainsi : présence des silex dans les couches inférieures, couches non remaniées, authenticité incontestable, mélange des haches avec les ossements de mammifères éteints, rien de tout cela ne peut être révoqué en doute.

Nous arrivons maintenant à un sujet qui, depuis deux mois, a vivement ému le public ; nous voulons parler de la découverte de la mâchoire humaine de Moulin-Quignon.

Le premier renseignement nous est donné par *l'Abbevillois* du 9 avril. Voici comment est rapportée la découverte de M. Boucher de Perthes :

« A la fin de mars dernier, le terrassier Halatre travaillant à la carrière de Moulin-Quignon, vint apporter à M. Boucher de Perthes, avec un silex taillé, un petit fragment d'os qu'il y avait également recueilli. Ayant débarrassé ce fragment du sable qui le recouvrait, M. Boucher de Perthes aperçut une dent fort endommagée, mais qu'il n'en reconnut pas moins pour être une molaire humaine.

« Il suivit immédiatement Halatre à Moulin-Quignon, vérifia la place d'où venait la hachette et la dent, s'assura que cette place était nette de toute infiltration ou introduction secondaire et fit continuer la fouille.

« Elle ne produisit ce jour-là aucun résultat nouveau. Convaincu que quelque autre débris du corps d'où provenait cette molaire devait se trouver là, M. Boucher de Perthes recommanda aux terrassiers de ne rien déranger de ce qu'ils pourraient remarquer pendant son absence, mais de le prévenir sans retard. En effet, le 28 mars, le terrassier Vasseur vint lui dire que quelque chose ressemblant à un os paraissait dans le banc.

« Rendu sur les lieux, M. de Perthes trouva le terrain comme l'avait dit Vasseur. L'extrémité de l'os renfermé dans sa gangue se montrait d'environ deux centimètres.

« Voulant l'avoir entier, M. de Perthes fit, à l'aide d'une pioche, dégager les alentours, et, à sa grande satisfaction, il put le retirer sans le rompre. Il ne s'était pas trompé dans ses prévisions, et, dans le morceau qu'il venait d'extraire, il reconnut une mâchoire humaine. »

Le bruit de cette précieuse découverte se répandit rapidement, et, du 10 au 15 avril, de nombreux savants français et anglais se rendirent à Abbeville. Là, ces messieurs examinèrent et discutèrent la question en étudiant toutes les circonstances avec le plus grand soin. La relation de cette seconde phase est donnée par l'*Abbevillois* du 18.

« Depuis, l'abbé Bourgeois, professeur au collége de Pont-le-Voy, venu à Abbeville le 10 avril, M. le docteur Carpenter, vice-président de la Société royale de Londres, M. le docteur Félix Garrigou, membre de la Société géologique de France, M. le docteur Falconer, membre de la Société royale de Londres, arrivés le 14; M. de Quatrefages, membre de l'Institut, arrivé le 15, ont, à l'unanimité, confirmé l'opinion des membres de la Société d'émulation d'Abbeville, et déclaré que cette mâchoire était fossile et bien celle d'un homme. »

A partir de ce moment de nombreuses publications, tant en France qu'en Angleterre, parurent sur ce sujet. En France, M. de Quatrefages présenta à l'Académie des sciences (séance du 20 avril) la mâchoire humaine de Moulin-Quignon.

« La mâchoire d'Abbeville, dit M. de Quatrefages, est dans un état remarquable de conservation. Elle ne paraît pas avoir été roulée. L'extrémité de l'apophyse coronoïde elle-même est intacte.

« Lorsqu'on examine cette mâchoire, on est tout d'abord frappé de deux particularités :

« L'angle formé par la branche horizontale et la branche ascendante est extrêmement ouvert ; la quatrième molaire, qui seule est encore en place, est légèrement inclinée en avant.

« L'ouverture de l'angle dont je viens de parler, est un de ces traits que l'âge, et peut-être d'autres circonstances, en dehors même des traits individuels, font considérablement varier. J'ai trouvé, dans diverses races, des exemples d'angles aussi obtus et des variations analogues.

« Quant à l'inclinaison de la molaire, elle n'a certainement rien de bien caractéristique. D'une part, j'ai retrouvé des faits analogues sur plusieurs têtes de diverses races faisant partie des collections du Muséum. D'autre part, l'inclinaison ne paraît pas être ici le résultat d'un accident. La molaire placée en avant de celle qui existe encore était tombée du vivant de l'individu. L'alvéole a été comblée par le travail d'ossification qui se fait en pareil cas. On comprend qu'avant ce comblement la dent placée en arrière de ce vide a dû être poussée ou entraînée aisément dans la direction où elle ne rencontrait plus le point d'appui habituel.

« M. Falconer, avec qui j'ai eu l'avantage d'examiner la mâchoire, a été vivement frappé de la particularité suivante : Le bord de l'angle de la mâchoire et la portion postérieure du bord inférieur de la branche horizontale, au lieu d'être verticaux, se recourbent légèrement en dedans. La face interne de l'os présente ainsi, au-dessous de la ligne oblique, une sorte de canal, ou mieux, de large gouttière s'étendant jusque dans le voisinage du menton, et sensiblement plus prononcée qu'elle ne l'était dans une mâchoire moderne, mise à notre disposition par un dentiste.

« J'ai recherché, à ce point de vue, les faits que pouvait m'offrir la galerie d'anthropologie, et de ces recherches il résulte que diverses races humaines présentent presque tous les degrés de ce caractère; mais, en même temps, le caractère inverse se présente chez la majorité des individus de toutes les races.

« Quant au canal ou gouttière, on peut n'y voir que l'exagération de ce qui existe normalement.

« Cette mâchoire nous a paru être celle d'un individu très-probablement âgé, et en tout cas, de petite taille, ou approchant tout au plus de la taille moyenne. »

Dans une note de M. Boucher de Perthes, lue le même jour à l'Académie des sciences, nous trouvons une coupe détaillée de la carrière, lors de la découverte de cette mâchoire.

1	Couche de terre végétale.	0, 50
2	Terrain non remanié, sable gris mêlé de silex brisés.	0, 70
3	Sable jaune, ferrugineux, silex moins gros et plus roulés, au-dessous desquels est une couche de sable moins jaune. J'ai trouvé dans cette couche une dent d'*Elephas primigenius* et une hache.	1, 70
5	Sable noir, argilo-ferrugineux, colorant la main et s'y attachant, paraissant contenir des matières organiques; petits cailloux plus roulés que dans les bancs supérieurs; silex taillés; mâchoire humaine.	0, 50
		4, 70

6 Craie sur laquelle repose tout le dépôt.

« C'est donc dans la cinquième couche, couverte par quatre

autres superposées de sable et d'argile mêlés de silex, qu'était cette mâchoire. »

Pendant que cette communication était faite en France, il s'en faisait une en Angleterre, qui n'était pas tout à fait concordante avec celle de M. de Quatrefages. M. Falconer, dans une lettre publiée par le *Times*, du 25 avril, émet en effet les conclusions suivantes : « Les silex, examinés par des hommes compétents, sont faux ; une dent, emportée par moi à Londres, est une molaire récente ; la mâchoire réputée fossile ne présente aucun caractère différent de ceux des os retirés des cimetières de Londres ; il y a eu fraude de la part des terrassiers, mais elle est si habile, qu'un comité d'anthropologie n'aurait pas mieux réussi ; le choix a été probablement accidentel, mais, par le plus grand des hasards, il a été parfait. »

Voici donc le procès ouvert de part et d'autre ; il fallait lui donner suite : un congrès amical de savants français et anglais se réunit à Paris : là, deux séances ont été consacrées à l'examen des haches, et de ces études il est résulté qu'il n'y avait pas de caractères absolus pour établir leur authenticité. Voici, du reste, ce que dit M. Milne-Edwards, dans son rapport à l'Académie des sciences (séance du 18 mai 1863) : « Partagés d'opinion, mais également désireux de connaître la vérité, MM. Falconer et de Quatrefages résolurent de reprendre en commun l'examen des points en litige, et d'ouvrir sur ce sujet une enquête à laquelle prendraient part quelques-uns de leurs confrères. M. Falconer annonça qu'il se rendrait à Paris, accompagné de MM. Prestwich, Carpenter et Busk, tous membres de la Société royale de Londres ; il engagea MM. Lartet, Desnoyers et Delesse à prendre part aux débats, et, au nom de tous ces savants, il me pria de diriger les travaux de la réunion, comme modérateur, disait-il, entre les partisans des opinions contraires.

« Nos savants confrères de la Société royale de Londres avaient été portés à révoquer en doute l'authenticité de la découverte de M. Boucher de Perthes, parce que les haches retirées de la couche noire du diluvium de Moulin-Quignon leur avaient paru être fausses, c'est-à-dire fabriquées récemment et introduites frauduleusement dans ce dépôt de gravier, où ce paléontologiste les avait trouvées. Dans notre première séance, tenue au Muséum le 9 de ce mois, nous avons cru devoir procéder d'abord à un examen approfondi des caractères à raison desquels les objets de ce genre peuvent être reconnus vrais ou faux. »

M. Milne-Edwards rapporte alors les raisons données de part et d'autre pour et contre l'authenticité de ces haches, et nous pouvons conclure, dit-il, que, de l'avis de tous ces messieurs, il n'y a pas de caractères positifs.

« Après deux longues séances consacrées principalement à un examen approfondi des haches de Mautort, de Menchecourt, de Saint-Acheul et de quelques autres localités, comparées à celles de Moulin-Quignon, nous procédâmes à une nouvelle étude de la molaire isolée que M. Boucher de Perthes avait donnée à M. Falconer, comme provenant de cette dernière carrière. Mais, à ce sujet, M. de Quatrefages fit remarquer qu'il pouvait y avoir quelque incertitude, relativement au gisement de cette dent. M. Boucher de Perthes craignait d'avoir fait quelque erreur d'étiquettes, et d'un commun accord, on mit de côté cette molaire.

« Procédant à l'examen de la mâchoire elle-même, et des échantillons de la couche noire du diluvium de Moulin-Quignon, les membres de la réunion furent unanimes à reconnaître, avec

M. de Quatrefages, qu'il paraissait y avoir identité entre la matière constitutive de ce dépôt et la gangue colorée par du fer et du manganèse qui adhérait à cet os ; que, sauf sur un point où l'on voyait quelques stries, dues peut-être au frottement des doigts, lorsque cette gangue était encore humide, on n'apercevait rien qui fût de nature à corroborer l'hypothèse de l'application factice de ladite gangue ; enfin, que cette matière terreuse, d'un brun noirâtre, remplissait, non-seulement les alvéoles, mais aussi une cavité produite par la carie partielle de la molaire restée en place, qu'elle bouchait le trou mentonnier et qu'elle obstruait l'entrée du canal dentaire.

« A la demande de MM. Falconer, Prestwich, Carpenter et Busk, la mâchoire fut alors sciée verticalement, de façon à mettre à nu le fond de l'alvéole occupée par la dent unique qui était restée en place ; puis, une grande partie de la surface de la portion antérieure de l'os ainsi séparée du reste de la mâchoire, fut, à plusieurs reprises, lavée très-fortement avec de l'eau chaude et une brosse. Au moyen de ces lavages, on parvint à enlever la presque totalité de la gangue sur une étendue assez considérable, et la surface de l'os, ainsi nettoyée, ne resta que faiblement colorée. Les deux tables de l'os étaient très-compactes, et le diploé ne paraissait être que peu altéré. On trouva que la racine de la dent implantée dans son alvéole était encroûtée de grains ferro-manganésiques, ainsi que la paroi correspondante de la cavité alvéolaire. Enfin, on remarqua dans l'intérieur du canal de l'artère dentaire un léger enduit de sable grisâtre qui différait complétement de la gangue noirâtre située à l'extérieur de l'os. »

Les savants anglais ne voulurent point admettre l'authenticité de la mâchoire, contre l'avis des savants français ; de part et d'autre les motifs apportés furent nombreux.

« La question ne nous sembla pas pouvoir être élucidée davantage par un examen plus prolongé des pièces ; mais nous avons pensé qu'il serait utile d'étudier de nouveau les lieux où on les avait trouvées, et de transporter notre enquête à la carrière de Moulin-Quignon ; par conséquent, nous résolûmes de nous y rendre.

« Plusieurs paléontologistes, qui avaient déjà pris part à nos discussions ou qui étaient, comme nous, désireux d'obtenir de nouvelles lumières sur les points en litige, ont bien voulu nous accompagner. De ce nombre étaient M. Hébert, M. de Vibraye, M. Gaudry, M. l'abbé Bourgeois, M. Delanoue, M. Garrigou, M. Alphonse Milne-Edwards, M. Bert et M. Vaillant.

« Notre projet d'excursion ne fut arrêté que le lundi. Aucun avis ne fut transmis à Abbeville : les parties intéressées dans la discussion furent seules à en être informées, et le lendemain matin, longtemps avant le jour, nous étions tous sur le terrain.

« Les travaux furent organisés immédiatement ; nous fîmes d'abord enlever les débris qui encombraient le fond de l'exploitation et mettre à nu la craie blanche sur laquelle repose le dépôt diluvien. Cela fait, nous étudiâmes la disposition des lieux, pour nous former une opinion sur la facilité avec laquelle des carriers ou d'autres personnes auraient pu pratiquer une fraude de la nature de celle que M. Falconer supposait avoir été effectuée. »

L'examen approfondi de la disposition des lieux fit voir à tous ces messieurs qu'il serait fort difficile d'effectuer une pareille supercherie, et, qu'en ce cas, les traces du travail nécessité par cette fraude seraient faciles à reconnaître.

« En étudiant la section verticale du terrain de Moulin-Quignon, nous fûmes frappés d'une particularité qui, dans les circonstances ordinaires, nous aurait paru sans importance, mais qui en a acquis beaucoup à cause d'un incident dont j'ai déjà parlé. Nous avons vu précédemment qu'en sciant la mâchoire, trouvée par M. Boucher de Perthes dans la couche noire, nous avions remarqué dans l'intérieur du canal dentaire un peu de sable grisâtre qui ne pouvait provenir de cette couche, et cette circonstance avait été considérée par quelques membres de la réunion comme fournissant un argument puissant contre ceux qui pensaient que cet os reposait de temps immémorial dans le terrain diluvien de Moulin-Quignon ; car, dans les coupes géologiques de cette carrière qui avaient été placées sous nos yeux, nous n'apercevions aucun dépôt ayant ce caractère. Mais à peine eûmes-nous fait mettre à vif la section, que l'un de nous fit remarquer immédiatement au-dessus de la couche noire plusieurs lits très-minces de sable grisâtre, qui nous a paru à tous identique au sable précédemment observé dans l'intérieur de la mâchoire. Ainsi, l'existence de ce sable grisâtre dans l'intérieur de l'os, qui la veille nous avait paru fournir un argument plausible en faveur de la non-authenticité de la découverte de M. Boucher de Perthes, est devenue tout à coup une preuve très-forte du séjour prolongé de l'os dans le lieu où ce savant l'avait trouvé.

« Cet incident contribua à ébranler beaucoup la conviction des paléontologistes qui avaient attribué à une supercherie la présence de la mâchoire dans le diluvium de Moulin-Quignon, et, du reste, les résultats de la fouille, qui se poursuivait activement sous les yeux de la réunion, ne tardèrent pas à convaincre tous les incrédules. »

Bientôt, en effet, ces messieurs purent voir plusieurs haches encore en place dans le diluvium. « Or, sur les cinq haches ainsi obtenues en présence de vingt hommes de science, et sous la surveillance active de personnes qui ne sont pas étrangères à l'art d'observer, haches dont l'authenticité était par conséquent indiscutable, il y en avait quatre qui ressemblaient en tout à celles précédemment tirées de la couche noire par M. Boucher de Perthes ; elles présentaient tous les caractères à raison desquels, au début de l'enquête, plusieurs membres de la réunion avaient déclaré que toutes ces haches étaient fausses, et avaient attribué à quelque fraude habilement pratiquée la présence d'une mâchoire humaine dans le dépôt de gravier où M. Boucher de Perthes avait découvert cet os.

« Le désir d'arriver à la connaissance de la vérité était l'unique sentiment dont étaient animés tous les paléontologistes, qui, de Londres et de Paris, s'étaient rendus à Abbeville pour étudier cette question ; et, dès que l'obscurité dont le sujet était d'abord entouré disparut ainsi, tous les membres de cette réunion d'amis adoptèrent la même opinion. Écartant toute idée de fraude, ils ont reconnu, de la manière la plus franche, qu'il ne leur paraissait plus y avoir aucune raison pour révoquer en doute l'authenticité de la découverte faite par M. Boucher de Perthes d'une mâchoire humaine, dans la partie inférieure du grand dépôt de gravier, d'argile et de cailloux de la carrière de Moulin-Quignon. »

Le procès semblait donc être vidé complétement, mais il n'en fut pas ainsi, et il survint un incident qui ne contribua pas peu à augmenter le retentissement de la découverte.

M. de Quatrefages, en savant prudent, avait laissé d'abord entièrement de côté la question géologique ; plus tard, en terminant son rapport, M. Milne-Edwards insista de nouveau sur cette réserve, dans laquelle il se comprenait lui-même : aussi le public en vint-il de suite à se demander quelle pouvait être l'importance d'une découverte, qui, présentée ainsi, semblait n'être qu'une question ostéologique, et par cela même d'un intérêt secondaire.

Cette déclaration dérouta le plus grand nombre des savants qui l'entendirent; d'autres, au contraire, qui n'acceptaient pas la direction de ces recherches, durent en profiter pour atténuer la valeur de leurs résultats.

M. Élie de Beaumont, à la suite du rapport de M. Milne-Edwards et des remarques que M. de Quatrefages y avait ajoutées, demanda la parole :

« Dans mon opinion, dit-il, ce terrain détritique d'apparence clysmienne, doit être rapporté aux dépôts auxquels j'ai appliqué la dénomination de dépôts meubles sur les pentes. La spécification de ce terrain n'est pas une invention née de la discussion actuelle; j'ai figuré et désigné ainsi le terrain dont il s'agit, de concert avec M. Dufrénoy, sur la carte géologique détaillée du Nord de la France, à l'échelle de $\frac{1}{80.000}$, qui a été exposée au palais de l'Industrie en 1855.

« La carte géologique n'indique, dans la vallée de la Somme près d'Abbeville (je ne parle pas ici d'Amiens), que trois terrains : la craie blanche supérieure, l'alluvion tourbeuse et les dépôts meubles sur les pentes.

« Les dépôts meubles sur les pentes sont contemporains de l'alluvion tourbeuse, et, de même que la tourbe, ils peuvent contenir des produits de l'industrie humaine et des ossements humains. Mais ces mêmes dépôts, sortes de post-diluviums, étant formés de débris détachés et entraînés par les agents atmosphériques, peuvent contenir, en même temps que ces débris, tout ce que contiennent les petits dépôts diluviens répandus partout à la surface et dans les anfractuosités des roches en place, notamment des dents et des ossements d'éléphant, et qui sont au nombre des matières que le transport et l'action des agents extérieurs détruisent le plus difficilement.

« Les hommes et les éléphants, dont les ossements seraient confondus dans un pareil dépôt, n'auraient pas été nécessairement contemporains, et l'état de conservation différent de leur matière gélatineuse suffirait, selon moi, pour avertir qu'ils remontent à des époques très différentes. Quant aux haches en silex véritablement antiques, il serait naturel, ce me semble, de les rapporter à l'âge de pierre des habitations lacustres de la Suisse. Or, les habitations lacustres étant coordonnées au niveau actuel des lacs, on peut affirmer qu'elles sont post-diluviennes ; car dans les lacs de la Suisse, dans ceux même, s'il en existe, dont le lit n'a pas été façonné par le phénomène erratique ou diluvien, le niveau actuel des eaux ne date que des derniers effets de ce puissant phénomène, qui ont laissé le seuil de chaque lac tel que nous le voyons aujourd'hui.

« Je ne crois pas que l'espèce humaine ait été contemporaine de l'*Elephas primigenius*. Je continue à partager à cet égard l'opinion de Cuvier. L'opinion de Cuvier est une création de génie; elle n'est pas détruite. »

A la suite de ces paroles, quelques réflexions de M. Milne-Edwards n'ont malheureusement pas attaqué le fond de la question, et le public est resté volontiers sur la négation si positive de M. de Beaumont.

Mais en réalité les géologues très-compétents qui avaient déjà étudié attentivement les lieux, comme on l'a vu, aussi bien que ceux qui y sont retournés depuis, n'ont rien mentionné qui pût justifier cette assertion. Ni les caractères minéralogiques du dépôt, ni sa structure, ni la constitution géologique du pays, ni les rapports topographiques des niveaux n'autorisent une pareille conclusion. Les dépôts sur les pentes, s'ils sont dus à des éboulements ou à des eaux sauvages, affectent une structure particulière et exigent des reliefs du sol qui n'existent point dans la contrée, et ceux qui peuvent être attribués à des crues exceptionnelles des rivières ne se raccordent point avec les lignes des talus anciens, mais, au contraire, avec les dépôts modernes ordinaires. En outre, l'analogie de ce même dépôt de Moulin-Quignon avec tous ceux des localités voisines et incontestablement quaternaires ne permettrait pas de l'en séparer. Quant à l'opinion exprimée par Cuvier il y a quarante ans, elle ne peut être invoquée contre les faits actuels; une négation anticipée n'arrête pas plus la science que celle qui vient après coup, et l'histoire des quadrumanes fossiles est aussi là pour le prouver.

Pendant que ces choses se passaient en France, la réunion d'Abbeville avait, en Angleterre, des résultats un peu différents de ceux qu'on présentait à Paris. Dans une lettre adressée au *Times* du 21 mai, M. Falconer reprend la question historique et la conduit jusqu'à la réunion d'Abbeville, puis il en reproduit le procès-verbal dans les termes suivants :

« 1° La mâchoire en question n'a pas été introduite frauduleusement dans la carrière de Moulin-Quignon, elle existait préalablement dans l'endroit où M. Boucher de Perthes l'a trouvée le 28 mars. Cette conclusion est adoptée à l'unanimité.

« 2° Tout tend à faire penser que le dépôt de cette mâchoire a été contemporain de celui des cailloux et autres matériaux qui constituent l'amas argilo-graveleux désigné sous le nom de couche noire, laquelle repose immédiatement sur la craie. — Cette conclusion a été adoptée par tous les membres présents, à l'exception de MM. Falconer et Busk, qui réservent leur opinion jusqu'à plus ample informé.

3° Les silex taillés en forme de haches qui ont été présentés à la réunion comme ayant été trouvés vers la même époque dans la partie inférieure de la carrière, sont pour la plupart, sinon tous, bien authentiques. Cette conclusion a été adoptée par toutes les personnes, sauf M. Falconer qui réserve son opinion jusqu'à plus ample informé.

« 4° Il n'y a aucune raison suffisante pour révoquer en doute la contemporanéité du dépôt des silex taillés avec celui de la mâchoire trouvée dans la couche noire. — Cette proposition est adoptée par tous les membres de la réunion, sauf par MM. Falconer et Busk, qui désirent réserver leur opinion. »

Enfin d'autres publications suivirent encore celle-ci : M. Evans a nié tout récemment l'authenticité des silex et M. Prestwich a répondu en affirmant que ces haches faisaient réellement partie d'un dépôt quaternaire.

Jusqu'alors M. d'Archiac s'était abstenu complétement de prendre part aux débats, mais obligé de formuler son opinion à la suite de ses leçons sur ce sujet, nous transcrivons ici textuellement les paroles du savant professeur :

« La découverte de la mâchoire humaine de Moulin-Quignon, quelle que soit l'authenticité qu'on lui suppose, dit-il, n'a en réalité qu'une importance secondaire ; c'est un simple fait qui vient confirmer des preuves d'une plus grande valeur par leur nombre et leur généralité. Si, en effet, les silex taillés ne peuvent être attribuées au hasard, s'ils sont réellement le produit d'une industrie humaine, quelque grossière qu'elle soit, s'ils peuvent être regardés comme des témoins aussi irrécusables de l'existence de l'homme avant la formation du dépôt qui les renferme, que les ossements d'éléphants, de rhinocéros, de grand cerf, d'hippopotame, d'ours, d'hyène, de félis des cavernes, etc., le sont de l'existence contemporaine de ces animaux, peu importe qu'on rencontre ou qu'on ne rencontre pas dans ces dépôts des restes de l'homme lui-même ; la question est résolue par le fait, et il importe peu, au fond, que le sable et les cailloux roulés de Moulin-Quignon soient ou ne soient pas quaternaires. Le résultat général essentiel, le point théorique qui doit tout dominer ici, savoir : l'ancienneté de l'homme et sa contemporanéité avec les espèces de grands mammifères éteints, ne saurait en être affecté, et la démonstration ne perdrait rien de sa valeur pour être seulement appuyée sur des produits de son industrie au lieu de l'être sur des restes de son squelette.

« Ce que nous avons dit déjà des cavernes de la province de Liége, comme ce que nous dirons encore par la suite suffira pour répondre victorieusement à ce second côté de la question.

« En tenant compte de toutes les données acquises, nous ne pouvons guère, dans l'état actuel de nos connaissances, nous refuser à admettre que les silex taillés des environs d'Amiens et d'Abbeville, se trouvent dans des dépôts en place, essentiellement quaternaires, associés avec des ossements d'animaux d'espèces perdues, et, à moins de circonstances particulières, que rien ne fait encore soupçonner, la mâchoire humaine de Moulin-Quignon doit en être contemporaine.

« Maintenant il nous reste à traiter un point essentiel, dont on s'est peu préoccupé jusqu'ici ; c'est la détermination précise de l'âge de ces dépôts, ou de la place qu'ils occupent dans la série quaternaire. A quel moment correspondent-ils de cette période si accidentée par des phénomènes de toutes sortes ?

« Cette détermination nous paraît aujourd'hui facile ; non en cherchant au sud des termes de comparaison qui n'y existent pas ou dont nous ne pouvons admettre la valeur, mais en nous transportant au nord-est, dans les Pays-Bas, où nous avons vu la série quaternaire, tant au-dessus qu'au-dessous du niveau actuel de la mer, dans ses vraies relations avec des sédiments tertiaires supérieurs, ou mieux encore au nord, dans les comtés de l'est de l'Angleterre.

« Dans le bassin particulier de la Somme, comme dans toutes les petites dépressions que suivent les cours d'eau, qui de la ligne de partage de l'Oise se rendent directement à la mer, les dépôts de transport détritiques, limoneux, sableux ou caillouteux reposent directement sur la craie, sauf les cas où des dépôts tertiaires inférieurs, les en séparent, nous n'apercevons aucun intermédiaire suffisamment caractérisé pour nous permettre d'apprécier l'immensité du temps qui s'est écoulé entre des sédiments aujourd'hui immédiatement superposés.

« Mais, au delà du détroit, le gisement originaire des silex taillés, identique, comme nous l'avons fait voir, avec ceux de la vallée de la Somme, se trouve dans des couches lacustres qui ont succédé au ravinement partiel de l'argile à blocs, *till* ou *boulder-clay*. Ces relations ont été mises en évidence par les coupes que nous avons données des environs d'Hoxne, en Suffolk, de la vallée de la Lark, des environs de Bedfort, etc., comparées à celle de Mundesley sur la côte de Norfolk. Elles nous ont démontré que ces couches lacustres sont plus récentes que les dépôts quaternaires marins de l'Angleterre, de l'Écosse et de l'Irlande, à plus forte raison que le crag de Norfolk, les amas d'ossements d'*Elephas meridionalis* et *antiquus*, que les phénomènes enfin des stries, des sillons, des surfaces polies des régions du nord, soit des Iles Britanniques, soit de la Scandinavie.

« Maintenant, quelle est la faune qui caractérise ces sédiments où apparaissent pour la première fois ces produits d'une industrie encore barbare, mais dont l'authenticité ne paraît guère contestable? Des mollusques fluviatiles et terrestres qui, à deux ou trois exceptions près, vivent encore sur les lieux, des mammifères pachydermes, ruminants, carnassiers, les *Elephas primigenius*, *antiquus*, *Rhinoceros tichorhinus*, *Hippopotamus major*, *Cervus tarandus*, *Cervus megaceros*, *Bos primigenius*, *moschatus*, *Equus fossilis*, *Felis spelæa*, *Hyæna spelæa*, *Ursus spelæus*, etc., c'est-à-dire précisément cette association d'espèces que nous trouvons dans les dépôts fluvio-marins de Menchecourt, dans les dépôts de transport sableux et caillouteux des autres localités autour d'Abbeville, d'Amiens, aussi bien que dans la vallée de l'Oise aux environs de Chauny, etc.

« L'analogie de ces faunes, de part et d'autre du détroit, est encore rendue plus frappante par la présence à Menchecourt de la *Corbicula consobrina* ou *fluminalis*, si caractéristique de ce même horizon, depuis Greys-Turrock, sur la rive gauche de la Tamise, jusqu'aux environs d'Hull, sur les bords de l'Humber, et que nous avons signalée au même niveau dans le sondage d'Ostende.

« Or, les débris de cette faune de vertébrés et d'invertébrés ont été ensevelis lors de l'envahissement du grand dépôt de sable, d'argile, de cailloux roulés qui s'est étendu sur la partie est et sud de l'Angleterre, auquel a succédé aussi, sur certains points, comme sur le continent, un sédiment argilo-sableux analogue à l'alluvion ancienne.

« Si, à ces données stratigraphiques et paléontologiques prises de l'autre côté du détroit, nous comparons actuellement celles de la vallée de la Somme en particulier, nous serons conduits à regarder les dépôts quaternaires de cette dernière comme ne pouvant pas être plus anciens que les couches lacustres d'Angleterre, comme étant contemporains de ceux qui renferment au delà de la Manche la faune des grands mammifères éteints qui ont vécu vers le milieu de l'époque quaternaire. Les dépôts de la vallée de la Somme, comme ceux des bassins de l'Oise, plus récents que l'argile à blocs, que le crag de Norfolk, ne nous représentent en réalité que les phénomènes qui ont précédé la seconde période glaciaire.

« Ainsi, d'une part, la comparaison de ces dépôts avec ceux des départements voisins, situés à l'est, et où les relations stratigraphiques sont mieux accusées, nous a permis de constater la période à laquelle ils appartiennent ; de l'autre, leur comparaison avec ceux de la Belgique, de la Hollande et de l'Angleterre, nous a révélé leur véritable place ou l'horizon exact qu'ils occupent dans la série des sédiments de cet âge.

« Alors nous distinguerons, avec M. Worsäe, deux *âges de pierre;* l'un, antérieur à ces derniers dépôts quaternaires ou *antédiluvien*, caractérisé par les silex les plus grossièrement taillés ; l'autre postérieur ou *antéhistorique*, dont les armes ou les instruments témoignent déjà d'un état un peu moins barbare, qui remonte au temps où les populations du Danemark accumulaient les kjœkkenmöddings, et où celles de la Suisse, de l'Irlande et d'autres régions construisaient leurs habitations lacustres. »

FIN

PARIS. — IMP. SIMON RAÇON ET COMP., RUE D'ERFURTH, 1.

LIBRAIRIE F. SAVY

COTTEAU (G.). **Échinides fossiles des Pyrénées**. Paris, 1863. 1 vol. in-18 de 160 pages, avec 9 planches dessinées par Humbert, représentant 119 sujets. 8 fr.

DELESSE, ingénieur des mines, professeur à l'École normale. **Carte géologique souterraine de la Ville de Paris**, publiée d'après les ordres de M. le Préfet de la Seine. 2 feuilles imprimées en chromolithographie, avec légende explicative, 25 fr.; cartonnées, collées sur toile. . . . . 30 fr.

—— **Carte hydrologique de la Ville de Paris**, publiée d'après les ordres de M. le Préfet de la Seine. 2 feuilles imprimées en chromolithographie avec légende explicative, 20 fr.; cartonnée, collée sur toile. . . . . 25 fr.

—— **Carte géologique et hydrologique de la Ville de Paris**. Paris, 1861. Broch. in-8 de 21 pages. . . . . 1 fr.

—— **Procédé mécanique pour déterminer la composition des Roches**. 2e édition. Paris, 1862. Brochure in-8. . . . . 1 fr. 25

DOLLFUS-AUSSET. **Matériaux pour l'étude des glaciers**. 5 vol. grand in-8, avec un atlas de 100 planches. . . . . 120 fr.

Tome I. — Auteurs qui ont traité des hautes régions des Alpes et des glaciers, et sur quelques questions qui s'y rattachent.
Tome II. — Hautes régions des Alpes. — Géologie. — Météorologie. — Physique du globe.
Tome III. — Phénomènes erratiques.
Tome IV. — Ascensions.
Tome V. — Glaciers en activité.
Atlas. — Tableaux météorologiques. — Carte du massif du Finster-Aarhorn. — Illustrations.

DOLLFUS (AUG.). **Protogea Gallica**. La Faune kimméridienne du Cap de la Hève. Essai d'une révision paléontologique. Paris, 1863. 1 vol. in-4 avec 18 planches de fossiles dessinées par Humbert et imprimées sur papier de Chine. . . . . . 20 fr.

GAUDRY, aide-naturaliste au Muséum, etc. **Animaux fossiles et Géologie de l'Attique**, d'après les recherches faites en 1855-56 et en 1860 sous les auspices de l'Académie des sciences. Paris, 1862-63. 1 fort vol. in-4 de texte avec 60 planches de fossiles, cartes et coupes géologiques coloriées. . . . . 90 fr.

Cet ouvrage se publie en 15 livraisons de 4 pl. et 32 pages de texte. Prix de chacune. 6 fr.
En vente, les livraisons I à IV. Dès que l'ouvrage sera complet, il sera porté à 100 fr.

NOUVEAUX ÉLÉMENTS D'HISTOIRE NATURELLE, à l'usage des Lycées, des Candidats au baccalauréat ès sciences, etc., par M. E. Lambert. 3 vol. in-18 avec gravures dans le texte. . . . . 7 fr. 50

— Le même, cartonné en toile anglaise. . . . . 9 fr.

Géologie. Paris, 1862. 1 vol. in-18 de 240 p. avec 158 grav. dans le texte. 2 fr. 50

Botanique. Paris, 1864. 1 vol. in-18 avec 506 gravures dans le texte.

Zoologie. Paris, 1864. 1 vol. in-8 avec gravures dans le texte.

Chaque volume se vend séparément, broché. . . . . 2 fr. 50
— cartonné. . . . . 3 fr. 50

VÉZIAN (A.), professeur de géologie à la Faculté des sciences de Besançon. **Prodrome de Géologie**. Paris, 1863. 3 vol. in-8 avec planches. . . . . 25 fr.
Prix de la livraison. . . . . 2 fr. 50

PREMIER VOLUME. — Liv. I. Introduction. — Constitution physique du globe au point de vue géologique. — Liv. II. Écorce terrestre : son origine, son mode d'accroissement, sa structure générale. — Liv. III. Phénomènes qui s'accomplissent à la surface des continents et sur le sol émergé. — Liv. IV. Phénomènes qui s'accomplissent au sein des eaux et sur le sol immergé.

DEUXIÈME VOLUME. — Liv. V. Phénomènes dont le siége est dans l'intérieur de l'écorce terrestre. — Liv. VI. Actions dynamiques qui s'exercent sur l'écorce terrestre; leur influence sur sa structure et sur la constitution topographique du globe. — Liv. VII. La vie dans ses relations avec les phénomènes géologiques.

TROISIÈME VOLUME. — Liv. VIII. Géologie systématique; terrains strato-cristallin et primaire; périodes azoïque et paléozoïque. — Liv. IX. Terrain secondaire; périodes triasjurassique et crétacée. — Liv. X. Terrain tertiaire et quaternaire; périodes nummulitique, néozoïque et jovienne.

On trouve à la Librairie F. SAVY toutes les publications de médecine et d'Histoire naturelle (Géologie, Minéralogie, Paléontologie, Conchyliologie, Botanique, Zoologie) publiées en France et à l'étranger.

PARIS. — IMP. SIMON RAÇON ET COMP., RUE D'ERFURTH, 1.

www.ingramcontent.com/pod-product-compliance
Ingram Content Group UK Ltd.
Pitfield, Milton Keynes, MK11 3LW, UK
UKHW021944260726
13994UKWH00004B/1524